雅蘭的幸福廚房

曾雅蘭————

著

▍什麼！她會做菜嗎？

相信絕大多數的人和我一樣，平常大多都在螢光幕上看到雅蘭，
看她在綜藝節目裡說學逗唱，看她在談話節目裡和昌明打情罵俏，
真的很難和專業的料理廚藝劃上等號，一聽到她要出食譜書的第
一個反應就是：「什麼？她會做菜嗎？她能出食譜書嗎？」

曾經在好幾個不同的場合裡和雅蘭共同搭檔做活動，看她拿刀切
菜，真的有模有樣；看她起鍋炒菜，真的不慌不亂；煮出來的料理，
還真的很好吃！當時直覺的以為她只不過憑著做藝人現學現賣的
本領如法炮製罷了，可是一次、二次、好幾次都是如此。

真的！真的會！雅蘭真的會做菜！

姑且不管這本食譜上面的菜是不是雅蘭她們家裡經常吃的家常
菜，姑且不論這本食譜裡面的料理是不是都是很容易的方便菜，
如果它是道家常菜，相信如果拿到了你的家裡，一定也能讓你的
家人們吃的開開心心；如果它是道方便菜，相信雅蘭都能做，你
當然也能做嘍！

湯粉麵飯一應俱全，煎煮炒炸樣樣都有，同時還因應了家中組成分子的各別喜好來分類，讓你引用的時候更能投其所好，最厲害的是她還告訴大家如何煮「古早味肉臊」、「紅燒肉」、「羅宋湯」、「韓式人蔘雞」、「泰式打拋豬」、「義式海鮮鍋」、「西班牙海鮮飯」……大宴小酌應有盡有。

現在是個網路的時代，最早大家都用紙筆來寫日記，李立群告訴大家可以用相片來寫日記，如今很多人都會用網路打卡來寫日記，雅蘭就曾經三不五時的和昌明透過直播來和大家分享料理的樂趣，如今將平常的日常變成了一本精美的家常，希望各位讀者都能喜歡，跟著雅蘭一起走進她的幸福廚房！

美食節目製作人 & 主持人　焦志方

雅蘭，我以妳為榮！

雅蘭出書了，10 年前我會說別作夢了，現在我要說：「我以你為榮！」

第一次吃到雅蘭煮的飯，是在 20 年前剛談戀愛的時候，還記得那時候工作好忙。有一次拖著疲憊的身軀回來，她下廚煮了碗麵，裡面有蛤仔、蝦子、蛋……湯頭清甜自然，麵條 Q 彈有勁，料好實在，吃完之後不知怎麼的，精神大振。

我當場給這碗麵取名字叫做「精力麵」，心中已經暗自決定非她不娶！（原來，要抓住老公的心先抓住他的胃是真的！）

20 年來，我們其實不常出去吃飯，我就是最愛回家吃她煮的，很多人以為是我太節省了捨不得，其實，每每吃到她的菜，不只吃到美味，也吃到溫情。

雅蘭轉變最大的應該是自信心，以前每次誇她菜煮的好吃，她總是說我嘴甜有目的（咦？這……不是夫妻應盡的義務……），這

幾年經過了一些歷練，説同樣的話，她的回答變成了：「那還用説嘛！」

説的也是，因為她總是能夠滿足我們任何時候的味蕾，例如晚上 11 點，女兒説肚子餓想吃韓式部隊鍋，只看雅蘭進廚房 10 分鐘之後，就端出了道道地地的一鍋，真的好滿足啊！

過去，雅蘭總是隱身在我背後成就我，雖然我也不斷地鼓勵她，最重要的還是在她自己好努力，直到現在，有了這樣的成績，希望我們不只要讓大家都能夠吃到最好吃的，還要讓過去曾經亂説的、瞧不起你的人刮目相看，也讓過去附屬的侯太太，轉變成自己的主角曾雅蘭！

歡迎大家一起加入雅蘭的幸福廚房，改變自己，成就自己，你們都是最棒的！

生活精算師

她真的很會做菜！

曾雅蘭，一眼看來，就是個聰慧的美人，我相信這是眾人一致認同的雅蘭。

還記得第一次與雅蘭合作，她與昌明哥是主持人，我則是當天的廚藝示範來賓，那時候做了 2 道菜。錄影過程裡，雅蘭特別認真的問我作法，那時候我想，這個美女好親切、好真誠、而且完全沒有半點藝人架子，似乎對於做菜也有著特殊的情感，這是我第一次接觸的曾雅蘭。

幾年後，我們又在健康節目裡相遇，同樣都是示範料理作法的來賓，然而每次雅蘭分享的菜色，總能令現場的專業廚師們驚豔，無論是家庭料理，亦或是獨創料理，都帶有獨特的風味又不失水準，這時候的我對她更加好奇了，怎麼一個忙碌無比的藝人，料理可以做得這麼好！

每次錄影結束後，我們總能在料理上聊上幾句，有一次，我問雅蘭：「妳是不是有偷偷考廚師證照，不然怎麼這麼厲害？」想不

到就這麼巧，她也正想努力考張專業廚師證照呢，於是便展開了
西餐證照的培訓，而我正是她的私人小老師。但是整個學習過程，
更讓我對雅蘭的態度加倍欽佩，每天從早上 9 點開始，洗菜流程、
切菜順序、烹調配置，她完全到位，刀功俐落、料理美味。比我
的學生還努力，失敗重來，完成再精進，單單這個態度，就是專
業廚房裡最想看見的人員條件，所以 1 年內，雅蘭就順利攻取西
餐與中餐的專業廚師證照，儼然已是國家檢定認可的廚師了。

這本雅蘭的食譜書，全是她的拿手菜，從買菜到完成料理，雅蘭
親力親為，連買菜都不假他人之手，親自到菜市場挑選好的食材，
百分百親手料理，從她做菜的過程裡，我看見的全是感動，如同
大文學家蕭伯納的名言：「任一種愛，都不比對美食的熱愛真切。」
食譜裡的每道菜，都充滿好食材的生命力，有傳統的老味道，更
有創意的發想，這個人見人愛的大家閨秀，曾雅蘭，她，真的很
會做菜！

翱翔餐飲國際 執行總監
料理夢想家

▌擁有屬於自己的幸福廚房吧！

很多人都認為我怎麼什麼都會，其實這些都是一步一步學來的，尤其在 40 歲那年！

我的生活曾經一團亂，找不到自信，生活沒有重心，每天汲汲營營的在「過日子」，也曾經問過自己：「難道這輩子就是這樣了嗎？」

2 年前在潘瑋翔老師的鼓勵下，花了很多時間，甚至讀到三更半夜，努力到連昌明都說，你年輕時讀書也沒這樣吧！努力終究沒白費，在 1 年之內接連考取了中西餐的證照，想想應該算是演藝圈當中的第一人（心中開心的猛放鞭炮）。

從此不只發現老公對我的眼神多了些崇拜，就連家裡的 2 個寶貝常常在外面餐廳吃完後說：「我覺得你煮的比餐廳還好吃，你應該自己開一間。」整個人就好像打了強心針般，充滿了力量！

曾經有很多人都私訊問我，煮飯真的是一件很困難的事情，該怎麼辦才好？

這本食譜書，讓繁複的烹調過程化為最簡單，即使是初學者也能輕易上手，做過之後，你一定也會告訴我，做菜真的好簡單！

為什麼做菜要那麼辛苦？
為什麼做菜要那麼繁瑣？
為什麼做菜一定會變黃臉婆？！

在雅蘭的食譜書裡，擁有的是簡單的美味，簡單的料理，還有更多滿滿的幸福！

跟我一起擁有屬於自己的幸福廚房吧！

Content

CHAPTER 1

給老公的
親密料理

CHAPTER 2

給寶貝孩子們愛的料理

CHAPTER 3

全家共享的溫馨料理

我的
料理人生

從拿著鍋鏟的10歲小女孩到擁有執照的廚師

小時候，記憶裡最常有的畫面，就是我在廚房裡看著媽媽做菜。

媽媽沒有特別教我，我就是靜靜的待在旁邊，看著媽媽的每一個動作。喔……切菜這樣切……放到鍋子裡要這樣翻動……要加鹽巴還是醬油？有時候只有一點點，有時候加了好多……但那時候，我真的不知道，有一天會站在同樣的位置，煮飯。

總是裝滿鹹酥雞的便當

大概我10歲左右，爸爸媽媽必須兩個人一起顧鹹酥雞攤位，每天都好忙好忙，即使我才10歲出頭，有時候也需要到攤上去幫忙，我想我不怕油鍋、不怕火的膽識，應該就是從小訓練出來的吧！也因為家裡是賣鹹酥雞的，我和弟弟、妹妹們的便當，永遠都是炸物，幾乎天天一打開便當，看到的就是1隻大的炸雞腿，搭配2顆炸花枝丸。

雖然每天打開便當，都會贏得同學的讚嘆！

「炸雞腿ㄟ」、「好羨慕，天天都有雞腿吃」，但是，我們5個孩子的便當裡，除了炸雞腿和白飯，就什麼都沒有了。一天、兩天，雞腿還吃得津津有味，但是每天都是同樣的菜色，而且都是油炸食物，就連當時是小朋友的我們，都有點受不了了。

有一天，弟弟妹妹們跟我說：「姊，每天吃這些，真的有點噁心……」
我只好說：「好，那我來煮！」

當時，我一道菜都沒真的做過。可是聽到弟弟妹妹這樣的請求，為了我們的便當，只好試試看了！打開了冰箱，看看有什麼東西。還好有一把蔬菜，於是我就站到瓦斯爐前，拿起鏟子，想著媽媽做菜的畫面，學著媽媽的動作，炒出了一道青菜。我就這樣，自己會煮了！

隔天，我們的便當，就多了一道菜啦！弟弟妹妹們，還感動到哭了。後來還開心地點菜了呢！

做菜對我來說，一點都不累，是我表達愛的方式，因為讓家人吃得飽足，就是我生活中最大的滿足。

之後，每天放學後的行程就是做家事、做晚餐，以及準備隔天的便當。一直持續到國中畢業。

做菜這件事，應該是我的天分

因此，每天下課後，我腦子裡的第一件事情就是開始思考當天的晚餐以及隔天的便當，我還會想要怎麼搭配，才能讓便當一打開，有不同的顏色，吃起來也有不同的味道。而且透過每天料理便當，小小年紀的我，還有了很多便當菜的心得，哪些菜蒸過會走味，會變顏色等等，我都很清楚。

我也發現了自己對料理的龜毛之處，不論是餐桌或便當裡，一定要有青菜，要有肉類的主菜，再一份海鮮以及蛋類，而且食材與料理方式都不可以重複！這點從小時候到現在都沒有變過。

至於食材，就請媽媽幫忙採買，我就這樣每一天都負責 5 個便當，等到越來越熟練，我

還能幫在攤位上忙的爸爸媽媽送便當。

我還記得，媽媽雖然知道我會幫弟弟妹妹準備便當，但是第一次看到、吃到我做的便當，她驚訝的說：「你跟誰學的做菜？」我忘了我怎麼回答的，但是，我只想讓我的家人吃到蔬菜，讓便當更好吃。就這樣一直到我們 5 個小孩都念了中學，有了學校的午餐，我就比較少做菜了。後來爸爸媽媽也不再那麼忙碌了，我也就漸漸卸下負責全家伙食的責任。

為愛下廚，是我堅持的浪漫

一直到 21 歲談戀愛，我又再度下廚，因為我覺得用料理來表達愛意，是最浪漫的事。

記得當時還是男朋友的昌明，其實他心裡並不覺得我是個居家型的女生，覺得我一定很愛玩，不會做家事，更別說煮飯了。事實才不是這樣呢！穩定交往後，我開始經常去幫他做飯和打理家裡，記得第一次做給他吃的

就是我拿手的紅燒牛肉麵，他嚇了一大跳，原來我會做菜，而且，還這麼會煮。

我還超貼心的會把一整鍋的牛肉湯，分裝冷凍，這樣他想吃的時候，隨時可以解凍，再煮個麵就可以了。每次看昌明吃完我做的料理，滿足而且大力讚賞的表情，那份感動對我來說，真的無與倫比。除了好吃，昌明還曾經說：「我做的菜一看就知道，因為一定顏色繽紛又擺得很漂亮！」這真的是對我最大的稱讚了！因為，我就是要人美菜也美！

記得還有一次，我熬了鍋番茄湯加了點高湯當作湯頭，用料不手軟的安排了大量的海鮮，湯頭有了海鮮更加鮮甜，記得當時吃完之後，除了大力讚美之外，還幫那碗麵取了個「精力麵」的名字。

所以說，要得到一個男人的心，真的要先收服他的胃，不是嗎？

結了婚之後，偶爾需要照顧夫家生病的老人家，雖然老人家嘴巴說著，你一定做得沒我

煮的好吃，這個不應該這樣煮……但是，還是把我煮的飯菜都吃光光，一點都不剩，原本有點受傷的心情，馬上就消失了，畢竟老人家平常很少碗底朝天的呢！

不過，我的好手藝，也是有些副作用啦！昌明總是跟朋友們：「雅蘭很會煮，來我家吃飯，她煮的東坡肉超好吃的！」或是難得出門聚餐，他還會一直考我，問我這道菜加了哪些調味，是怎麼做的，當我認真的回答完之後，他總是說：「回家做給我吃。」

為家人、所愛的人做飯，一直都是我認為該做的事，直到我遇見了潘瑋翔師傅。

原來料理可以讓我更有自信

有一次，要上一個做菜節目，我其實非常抗拒，因為擔心自己的表現，怕自己做不好，那時候的經紀人不斷的鼓勵我，要讓大家知道自己有多會做菜，我才鼓起所有勇氣去上節目。當主持人露出好吃的表情，才讓我放下了心中的大石頭。

即便在節目上有了點信心，而且我的煮菜年資很長，從煮給弟弟妹妹吃，煮給先生吃、煮給孩子、煮給生病的老人家等等，各種情境我都能找出適合的料理和做法，用食物來照顧家人，但是對於料理，我都是抱著一種，這是我該做的想法，尤其是做給家人。

直到在節目上遇到潘師傅，才讓我開竅了！原來，我是因為對料理有著無比的熱情，還有一點點天分，才能在 10 幾歲就拿起鍋鏟，才能靠著一碗麵收服了老公，只是長久以來，我都將做飯當作是一種責任，原來料理也可以充滿樂趣與創意的，也可以是對自己的肯定。

在潘師傅的指導下，我在工作空檔，一步步的學習料理知識，一點點的理解食材的特色，與各種菜色的背景，我也重新讓自己成為學生，跟著潘師傅學習，從刀工、調味、擺盤等等，還在深夜裡苦讀，以前當學生的時候都沒這麼認真呢！為的就是考取餐飲證照，考過了一張西式的，上癮了，就再拿下一張中式的了。

在這樣的過程中，我發現對於料理，我有了全新的感覺。

我做菜時變得更有自信，當我看著別人的食譜，能有辦法透過調味的增減，或換個食材就變成我的獨門風味，有時候都覺得自己好像有一點點厲害。也開始覺得偶爾我也可以做點自己喜歡吃的菜，如同我用料理寵愛家人，也可以用同樣的方式寵愛自己。

當然，最開心的時候還是當老公和我的寶貝孩子們，吵著要我做飯給他們吃，或是到在外用餐的時候，孩子們抱怨著沒有媽媽做的好吃。雖然，昌明每到節慶假日，總說我煮得好吃，第一個選擇，永遠都是「在家吃」。當然就是我下廚啦！不過啊，下次情人節，可不可以不要我自己煮呢？！

將來，我還希望可以研究烘焙。因為啊，上次女兒說想吃麵包，我上網找了食譜，再加上自己的經驗判斷，竟然第一次就成功了呢！我也希望有機會可以到藍帶學院去上課，讓自己的廚藝更進一步。老公，可以嗎？

開始料理之前⋯⋯⋯

做菜,真的不累。

先把高湯、醬料和配菜準備起來,就已經有了基本盤。

再把幾個簡單的小技巧學會,你會發現,

為家人煮一頓飯,其實很輕鬆。

雅蘭冰箱裡的湯與醬

冰箱裡除了市售的各種罐醬料之外，平時有空就熬一鍋高湯，或是先將好用的百搭醬料準備好，例如：義大利番茄肉醬。誰半夜肚子餓了，或是突然想在家裡吃頓飯，都不是問題。

豬骨高湯

材料：
豬骨1支、洋蔥、紅蘿蔔、蔥、昆布、水。
（蔬菜的量可隨個人喜好增減，水以能淹過材料為主）

作法：
將所有材料清洗乾淨後，放入大鍋內熬煮約2～3小時，撈出雜質即可。

牛骨高湯

材料：
牛骨1支、洋蔥、紅蘿蔔、西洋芹、薑數片、蔥1支、水。（蔬菜的量可隨個人喜好增減，水以能淹過材料為主）

作法：
1. 將紅蘿蔔、洋蔥、西洋芹放入烤箱烤至表面焦黃。
2. 將所有食材放入鍋中熬煮約2～3小時，撈出雜質即可。

小叮嚀

如果家裡烤箱不方便，也可以用平底鍋將材料煎至表面焦黃，這麼做可以讓湯頭更加濃郁喔！

義式番茄肉醬

材料：

牛番茄3顆、洋蔥1/2顆、大蒜2顆、豬絞肉300公克、罐頭番茄糊1.5杯、月桂葉2片、橄欖油少許、砂糖適量、鹽適量、義式綜合香料適量。

作法：

1. 將牛番茄底部劃十字，汆燙後剝皮切丁備用。
2. 洋蔥、大蒜切末備用。
3. 鍋中加入2大匙油，爆香洋蔥末、大蒜末後，再加入豬絞肉炒香後，放入砂糖、牛番茄丁、番茄糊繼續拌炒。
4. 加入水、月桂葉、鹽與義式綜合香料煮至湯汁濃稠即可。

 小叮嚀

罐頭番茄糊在這道醬汁中，可以讓味道更濃郁，千萬不要省略。這道醬汁可以一次煮多一點，分成小包裝冷凍。

青醬

材料：

羅勒或九層塔1大把、松子2大匙、蒜頭2顆、起司粉2大匙、鹽巴1/2小匙、橄欖油4大匙、黑胡椒適量。

作法：

1. 九層塔取下葉子，清洗瀝乾擦除水分。
2. 松子平鋪在烤盤內，放入烤箱低溫烘烤5分鐘，烤出香味即可放涼備用。也可以用平底鍋加熱直到松子香氣釋出。
3. 準備食物調理機，將松子、蒜頭磨碎後，再放入九層塔、鹽磨碎，最後加入起司粉、橄欖油以及黑胡椒攪拌均勻即可。

小叮嚀

自己做的青醬由於不加任何防腐劑，可能會有反黑的情形，原則上都可以安心食用，青醬建議食用期限為1～3天。

酸菜和泡菜也是搭配好夥伴

這兩樣搭配菜色，和許多菜色都很搭配。酸菜除了搭配牛肉麵，其他的湯麵類也很適合。台式泡菜除了搭配椒鹽排骨，其他的炸物也可以嘗試搭配看看喔！

酸菜

材料：
酸菜1顆、大辣椒1條、蒜末1小匙、薑末1小匙、砂糖少許、沙拉油少許

作法：
1. 酸菜泡水約2小時，洗淨後切絲，熱鍋將酸菜入鍋炒至水分蒸發。
2. 酸菜炒乾後放入一點油、糖、薑末、辣椒丁、炒出香氣即可完成。

小叮嚀

酸菜可分小包裝冷凍，使用時再取出退冰即可，延長保存時間。

泡菜

材料：
高麗菜1顆（約800公克）、鹽2大匙、紅蘿蔔絲1/2碗、蒜頭8顆、大辣椒1條

醃漬醋水：
砂糖300公克、白醋300ml、水300ml、話梅5顆

作法：
1. 將高麗菜去芯後，裝入大塑膠袋，加入2大匙鹽，將鹽和高麗菜搖晃均勻，靜置待出水。
2. 取一鍋將醃漬醋水煮沸約3分鐘，將話梅煮出香味，放涼。
3. 將出水的高麗菜以開水洗淨，瀝乾水分。裝罐加入放涼的醋水，也可以丟入話梅，放入冰箱冷藏3小後即可食用。

曾雅蘭教你優雅做菜

有些細微之處的小技巧，只要變成習慣，就可以讓擺盤更加漂亮，都說魔鬼藏在細節裡，只要先留意這幾個地方，料理成品和過程馬上不一樣喔！

◆ 超簡單捲捲蔥絲

1 先將蔥段橫剖 **2** 切成細絲 **3** 放入冷水中，蔥絲就會自然捲曲

◆ 好看的菱形辣椒片

1 辣椒先橫剖去籽 **2** 以斜切的方式將辣椒切塊

◆ 蝦子這樣整理才不會爆油

1 把蝦鬚修剪整齊 **2** 蝦腳也可以一起剪掉 **3** 蝦尾也要剪開，水分就不會累積

◆ 檸檬汁這樣擠超省力

1 先稍微用點力在桌面滾動檸檬 **2** 切開檸檬以叉子插入，並旋轉果肉，即可

給老公的親密料理

親愛的老公，我到現在都還記得，

你第一次吃到我親手做的料理時有多驚訝。

能讓你這美食家大讚我的手藝，真的很有成就感。

從此，逢人就炫耀自己有個很會做菜的老婆，

不過，以後低調一點啦！

鮮蝦粉絲煲

每次做這道菜,我都會聽到老公不斷催促的聲音,並不是因為他急著想吃,而是我總是堅持要把蝦子一隻一隻排好,把蒜片或蔥花也放到各種角度看起來都很美的地方,所以得讓他等久一點囉!沒辦法,我的菜一定要美美的才行。

材料

草蝦10隻、粉絲2把、薑末1大匙、蒜片1大匙、蔥花少許、香菜少許、米酒少許

調味料

蠔油4大匙、白胡椒1/2小匙、辣豆瓣醬1大匙、香油少許、鹽少許、水300ml

作法

1 蝦子去鬚去腸泥,粉絲泡水軟化。

2 鍋熱放入少許油,將蝦子兩面稍微煎香,約九分熟取出。

3 同一鍋再放少許油,爆香薑末、蒜片後,加入蠔油、辣豆瓣醬炒香,熗入米酒,再放300ml的水,煮滾後加入白胡椒粉、鹽調味後,放入粉絲拌煮。

4 取一砂鍋預熱,倒入煮好的粉絲,並將蝦子以繞圓方式排列在粉絲上。將砂鍋鍋蓋蓋上,待食材煮滾後熄火,上桌前滴點香油撒上蔥花、香菜即可。

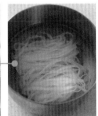

小叮嚀

想自己來點變化的話,蠔油可以改成醬油膏,不吃辣就不加辣豆瓣,米酒如果改成紹興酒,風味也很棒!

酥炸鮮蚵

想吃點炸物的時候，自己做吧！不要再買鹹酥雞了。自己料理，用油、用料都能完全掌握，吃的安心又滿足，多棒！

材料

鮮蚵半斤、地瓜粉適量、九層塔3株

調味料

胡椒鹽適量（鹽與胡椒的比例1：1為佳）

作法

1　鮮蚵洗淨後用紙巾吸乾水分。
2　將鮮蚵放入過篩後的地瓜粉中，輕輕推搖盤子，使鮮蚵沾滿粉。
3　等油燒至160度，放入沾了粉的鮮蚵，等浮起且成黃色時即可撈起瀝油。
4　九層塔也入鍋炸酥，撈起，擺在蚵仔酥上，食用時，沾胡椒鹽即可。

鮮蚵入油鍋時，需一顆一顆的放，才能避免沾黏成團哦！

韓式辣牛肉湯

我自己也超愛這道辣牛肉湯。而且豆芽菜和韓式冬粉，更是我不容妥協的重要食材，這樣才能百分之百呈現韓式風味呢！喜歡韓式料理的人，千萬別錯過。

材料

牛肋條1/2碗、自製牛骨高湯2碗、蛋1顆、韓式冬粉適量、黃豆芽菜適量、板豆腐1/4塊、洋蔥半顆、蔥末少許

調味料

醬油膏1大匙、鹽少許、香油少許、韓式辣椒粉（粗+細）1小匙、韓式牛肉粉少許

作法

1 先將牛肋條切小塊，洋蔥切絲，板豆腐切小塊，同時將韓國鍋燒熱後，放入香油爆香洋蔥。

2 洋蔥炒出香氣後，放入牛肉塊拌炒，再加入醬油膏將牛肉炒至八分熟。

3 加入牛骨高湯燉煮，放入牛肉粉和韓式辣椒粉，再以鹽調味。

4 待湯滾後，放入1顆雞蛋、板豆腐、韓式冬粉，煮至冬粉軟化，蛋熟後，放入豆芽菜煮透，再撒上蔥末即可

  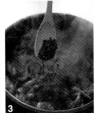 

小叮嚀

韓式辣椒粉也可只用一種，不放牛肉粉也是可以的！建議使用黃豆芽，是因為其爽脆口感，綠豆芽久煮易爛；牛肉的部位，也可以依個人喜好替換。

麻油雞麵線

你也會在天冷時就想來上一碗麻油雞嗎？在家裡自己做的最大好處就是，能隨自己的喜好調整米酒的用量！

材料

帶骨仿土雞腿1隻、麻油2大匙、老薑約8片、米酒1瓶（不喝酒的人米酒可減量）、枸杞少許（需先泡水）、麵線1束，高麗菜少許

作法

1　仿土雞腿切塊，雞皮向下放入鍋中煎出雞油，再將雞肉整塊表面煎香。

2　將雞肉從鍋中取出，放入老薑片，小火慢慢將老薑片煸成微微捲曲狀。

3　放入1大匙麻油，再放入已煎香的雞肉拌炒，將雞肉炒香後加入整瓶米酒，量需蓋過雞肉，讓雞肉煮滾至軟化。

4　另起一鍋將水煮滾，放進麵線，約煮至八分熟，撈起備用。

5　雞肉煮軟後，淋上1大匙麻油增添香氣，再加入枸杞和高麗菜，可試試味道，再決定是否加鹽調味。

小叮嚀

麻油不宜過度加熱，久煮容易苦哦！

雅蘭牌銷魂鹹粥

這可是我們家的招牌菜,更是老公嘴饞時的必點菜之一。用了家裡常備的豬高湯,再加上海鮮的鮮甜滋味,真的無敵銷魂。我們家的配方,請你試試!

材料

豬里肌肉180公克、虱目魚肚1塊、蚵仔1碗、竹筍1支、乾香菇5〜6朵、芹菜1〜2支、白飯1〜2碗、自製豬骨高湯800ml、蔥末適量、薑絲少許、油蔥酥少許

豬肉絲醃料

醬油、米酒、糖、太白粉各1匙、白胡椒粉少許

調味料

白胡椒粉、鹽適量

作法

1　豬里肌肉切絲,乾香菇泡軟切絲、竹筍切絲、芹菜切末、虱目魚肚切粗條備用。
2　將醬油、米酒、糖、太白粉、白胡椒粉混合之後放入肉絲醃約5分鐘。同時熱鍋熱油,先小火爆香油蔥酥,加入香菇絲拌炒至香氣出現後,再放入肉絲拌炒。
3　鍋內材料炒香後,倒入高湯與竹筍絲,再分2〜3次放入白飯。
4　煮滾後放入蚵仔、虱目魚肚,再煮滾一次後,放入薑絲、鹽、白胡椒粉調味,上桌前撒上蔥末、芹菜末即可。

小叮嚀

油蔥酥爆香時一定要用小火,否則很容易炒黑,就會變苦了;白飯則視湯的量來慢慢增加,加過多的白飯,就會煮成沒有湯的粥,反而沒辦法享受米飯的顆粒口感了。對了,海鮮可以隨個人喜好調整喔!

日式散壽司

散壽司是一道可以隨心所欲搭配食材的菜色，除了海鮮料可以自己搭配，我連呈現方式也做了點變化，把所有元素拆解再組合，也別有一番樂趣。

材料

白飯1碗、壽司醋40ml、鮭魚生魚片數片、海膽適量、蝦適量、鮭魚、鮭魚卵適量、蛋1顆、海苔數片、小黃瓜1/2條

作法

1　水與米以0.8：1的比例放入電子鍋煮，這樣煮出來的口感比較Q彈；飯好了以後置放於大碗內，然後將40ml的壽司醋分次加入米中拌勻，並讓壽司飯自然放涼。

2　將雞蛋打散後煎成薄蛋皮，並捲成蛋捲狀，放涼後切丁備用。

3　將海苔切成小片狀後備用；小黃瓜切成片狀後備用；生魚片也切成小塊狀後備用。

4　將放涼的壽司飯放在海苔片上，依序均勻的鋪上蛋丁、上生魚片、蝦、鮭魚、鮭魚卵等材料，最後再放上小黃瓜片裝飾即可上桌。

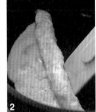

小叮嚀　　散壽司的料，可以針對自己家人喜歡來搭配喔！

給寶貝孩子們的愛的料理

CHAPTER 2

做飯給孩子吃，是當媽媽表現愛的最直接方式之一。

孩子當下開心的表情，日後還頻頻央求的情景，

真的讓人打從心裡開心。就連在外用餐，

也嚷嚷著還是媽媽做的好吃，

那個當下，就是我最心滿意足的時刻。

古早味油飯

油飯，其實一點也不難。按照我的方法，失敗率真的很低很低，而且香氣與風味一點都不輸市面上販售的油飯喔！

材料

長糯米3杯、豬五花500公克、乾香菇8朵、乾魷魚半隻、蝦米2大匙、香菜少許、紅蔥頭3顆、蒜末2大匙、老薑8片

調味料

麻油2大匙、醬油3大匙、蠔油1大匙、冰糖2大匙、米酒1大匙、水500ml

作法

1　長糯米洗淨，長糯米與水的比例為1：0.6，滴幾滴沙拉油後，放入電鍋以糯米程式煮熟。

2　豬五花切絲、乾香菇泡水切絲、乾魷魚放入水中泡發後，以逆紋切成條狀、紅蔥頭切片。

3　鍋內加入沙拉油以小火爆香老薑片，待炒出香氣後，放入紅蔥頭拌炒。

4　加入麻油，再放入醃漬的豬肉絲，炒至肉香出來後，最後加入蝦米、香菇、魷魚下鍋拌炒。再依序加入米酒、醬油、蠔油、冰糖、水（或香菇水），蓋鍋蓋燉煮至餡料入味即可關火。

5　再將熬煮好的餡料，分次加入煮好的糯米飯拌勻，上桌前再撒上香菜即可。

小叮嚀

糯米飯和餡料分開處理的好處，就是可以慢慢地加入醬料，調整油飯的濕潤度，千萬別一口氣全部加下去，會讓油飯太濕軟喔！

紅燒牛肉（麵）女兒專屬

記得當年，就是用牛肉麵收服了昌明的胃，讓他對我的廚藝刮目相看。其實，花點時間煮好一鍋紅燒牛肉湯，不論正餐或消夜都方便喔！

材料

牛肋條2斤、牛番茄3大顆、白蘿蔔1條、紅蘿蔔1條、洋蔥1顆、蔥3支、薑5片、蔥花適量

調味料

辣豆瓣醬（小）1/2瓶、黑豆瓣醬（小）1/2瓶、醬油1/2碗、冰糖2大匙、米酒適量。

作法

1　牛肋條切約3公分的大塊，洋蔥、牛番茄、紅蘿蔔、白蘿蔔切塊備用。

2　熱鍋，放入牛肋塊煎至表面金黃，放入切塊的洋蔥拌炒。

3　洋蔥炒出香氣後，加入半罐辣豆瓣醬、半罐黑豆瓣醬，拌炒出香氣後加入半碗醬油、冰糖，炒至冰糖溶解。

4　加入薑片、米酒、牛番茄、白蘿蔔、蔥3支（不切）、水（蓋過肉）。蓋鍋蓋燉煮約1.5小時至牛肉軟嫩即可。配上麵條做成牛肉麵的話，上桌前再撒點蔥花即可。

小叮嚀

牛肋條切塊狀勿切過小，因為長時間燉煮後牛肉會縮，肉太小會影響口感。想變化成牛肉麵的話，將紅燒牛肉湯與高湯以1:2的比例調和，就是美味的牛肉湯頭，再燙點青菜，加點蔥花就可以上桌了。

桂圓糯米飯

香甜誘人的桂圓糯米飯，我也很喜歡。女生嘛，總是喜歡甜食，學會做這道的話，甜食也可以吃得既養生又營養喔！

材料

桂圓肉半碗、長糯米2杯、米酒1杯、水1杯

調味料

黑糖適量

作法

1　將桂圓稍微清洗後，擠乾水分泡米酒備用（米酒需蓋過桂圓）；洗淨糯米，浸泡水約30分鐘備用。

2　將泡好的糯米放進電鍋裡，把泡過桂圓的米酒倒入量杯中，若不足1杯，則加水至滿1杯，倒入電鍋中。

3　將桂圓肉取出鋪平在糯米上。蒸熟後，依個人喜好加入適量的黑糖調味。

小叮嚀

不喜歡米酒的話，也可以全部用水取代。

水果木耳甜湯

除了做給女兒，這也是道我偶爾會做來保養一下身體的甜品，保養要內外兼顧呢！
你說是不是！

材料
新鮮白木耳、哈密瓜3片、甜菊葉5片、水適量

調味料
冰糖適量

作法
1　將新鮮白木耳洗淨，放入滾水以小火熬煮。至膠質釋放後，加入冰糖調味，關火放涼備用。
2　取1片哈密瓜切丁。將另2片哈密瓜，以果汁機打成果泥。
3　將放涼的木耳及果泥調勻，最後放入哈密瓜丁、甜菊葉裝飾即可。

小叮嚀

水果可依自己喜好增減或替換，建議使用較熟的水果味道較濃郁。

莓果鮮酪薄餅 女兒專屬

我做菜的一個小小堅持就是，擺盤要無敵美，賞心悅目吃起來才會更美味！不要怕麻煩，試著花點時間妝點一下料理，你會發現更多樂趣的。

材料
雞蛋2顆、鹽少許、砂糖40公克、低筋麵粉130公克、牛奶250ml、融化奶油30cc、水果丁100公克、砂糖3湯匙、薄荷碎1湯匙

鮮酪配方
牛奶200ml、鮮奶油50ml、白砂糖1湯匙、鹽少許、綠檸檬汁1/2湯匙

作法
1 先製作鮮酪，將牛奶、鮮奶油與白砂糖一起加熱，加入鹽巴與綠檸檬汁，煮至油水分離，靜置3分鐘後以細目濾布過濾備用。
2 再製作薄餅，將雞蛋與砂糖攪拌至溶化，再將牛奶與低筋麵粉、融化奶油一起拌成麵糊，過篩備用。
3 水果丁與砂糖、薄荷碎一起拌勻備用。
4 取平底鍋，倒入適量的作法2的薄餅麵糊，充分搖勻製成薄餅後取出，再放上鮮酪與水果丁包折起來即可。

小叮嚀

製作薄餅時，切勿用大火易焦。水果加一點砂糖放個 10 分鐘左右，就會稍微出水，其實這就是現成的天然果醬了，也可以好好運用。

乾燒明蝦 兒子獨享

這道乾燒明蝦，一般餐廳都是先將蝦子過油，但我希望家人們吃得健康一點，幾番嘗試後發現用乾煎的方式處理也很美味呢！

材料

草蝦600公克（約10隻）、太白粉1大匙、沙拉油4大匙、鹽適量

調味料

辣豆瓣醬2大匙、番茄醬5大匙、米酒1大匙、砂糖1大匙、蒜末1小匙、薑末1小匙、蔥末2大匙、鹽適量

作法

1　將蝦鬚修剪乾淨並剪開背殼，用牙籤挑出腸泥，並且用刀劃開背部，但不要切斷。
2　將調味料拌勻備用。
3　將蝦子表面水分擦乾之後，用些許太白粉塗抹表面。
4　熱鍋下油，油熱後蝦子入鍋將兩面煎至九分熟，取出備用。
5　將油倒出，把鍋子擦乾淨後，轉小火加入少許沙拉油，炒香蒜末、薑末與蔥末後，放入已經拌勻的調味料，拌炒均勻後，將蝦子放回鍋內，待鍋內醬汁燒開成濃稠狀即完成。

小叮嚀

我喜歡將蝦鬚、蝦腳都修剪掉，吃起來乾淨俐落，多花點事前的修剪工夫，就可以讓這道料理的視覺效果媲美餐廳呢！

青醬雞肉三明治

只要事先做好青醬，一早起來就可以輕鬆端出讓人吮指回味的三明治了，而且保證比外面賣得好吃 100 倍！

材料
雞胸肉1塊、牛番茄1顆、菠菜葉適量、起司片2片、蛋1顆、吐司4片、自製青醬1碗、橄欖油少許

調味料
胡椒少許、鹽巴少許、新鮮迷迭香

作法
1　牛番茄切片、菠菜葉洗淨撕小片，雞胸肉以鹽、胡椒粉、新鮮迷迭香、橄欖油醃漬備用。
2　雞蛋煎成荷包蛋，雞胸肉煎至金黃色後切片。
3　吐司塗上青醬（作法請參考P.23），放上所有材料蓋上另一片吐司，接著放入平底鍋，加入奶油，將兩面煎至金黃酥脆、起司融化，取出後切半即可。

建議每一層都擺放一片起司片，加熱時融化的起司可以幫助所有材料黏合，吃起來更方便。

漢堡排

小朋友最愛的漢堡排，作法其實很簡單，各位媽媽們，一定要學起來，可以讓你家孩子從此只吃你做的漢堡。

材料
牛絞肉250公克、豬絞肉250公克、洋蔥1/2顆、蒜末2大匙、蛋1顆、麵包粉30公克、起司片1片

調味料
胡椒粉適量、鹽適量

漢堡醬汁材料
紅酒100ml、醬油膏30ml、無鹽奶油10公克、黑胡椒少許、砂糖少許

作法
1　將洋蔥切末。取一大碗，將2種絞肉混合並用手摔出筋，再將所有材料混合均勻。
2　最後塑型成圓型狀，以小火煎至2面呈現金黃。
3　一邊製作醬汁。將紅酒小火煮至剩約1/3的量，加入砂糖、醬油膏、無鹽奶油，繼續煮至乳化後，加上黑胡椒調味即可。
4　趁熱放上起司片，淋上醬汁即可。

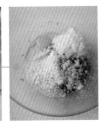

小叮嚀

漢堡排可以一次做多一點，冷凍保存。要吃時可隨自己喜好加上麵包和蔬菜。

韓國人蔘雞湯 兒子獨享

學會這道雞湯料理的最大好處就是，人蔘的品質可以完全自己掌握，要多補就多補！冷冷的冬天，或是特別疲累的時候，都很建議煮上一小鍋。

材料
春雞1隻（也可用一般小肉雞或雞腿）、圓糯米適量、紅棗5顆、蒜頭10顆、水蔘2支、蔥花適量、牙籤1～2根

調味料
白胡椒粉、鹽各少許

作法
1　春雞洗淨之後，將糯米塞進雞的肚子裡，塞滿後以牙籤封口。
2　雞放入韓國鍋中，加水，水量需蓋過雞肉，開火煮滾後轉小火慢煨。
3　撈起湯裡雜質，放入蒜頭、紅棗、水蔘，持續以小火燉煮約40分鐘。過程中如果湯量減少，要適時加入適量熱水。
4　煮至湯呈現乳白色後，再加鹽、白胡椒粉調味，最後撒上蔥花即可上桌。

小叮嚀

雞的腹腔一定要清洗乾淨，否則糯米會看起來有血水。另外，如果家中鍋子較小，可以在過程中將雞翻面。最後，人蔘雞湯一定要用小火慢燉，味道才會出來，千萬不要操之過急！

巧克力香蕉馬克杯蛋糕

這是道可以邀請孩子一起做的超簡單甜點,甚至不需要出動烤箱,微波 2 分鐘,就可以完成,孩子們一定會擁有滿滿的成就感。

材料

奶油25公克、雞蛋1顆、砂糖3大匙、液狀鮮奶油1小匙、香蕉丁1/4條、無鋁泡打粉1/2小匙、低筋麵粉4大匙、巧克力豆少許

作法

1　將奶油放入馬克杯中,微波加熱20秒至奶油融化。
2　在奶油馬克杯中,依序放入雞蛋、砂糖、鮮奶油、低筋麵粉、泡打粉攪拌至完全溶解,放入香蕉丁、巧克力豆拌勻,再微波2分鐘後即可。

小叮嚀

如果要做的數量較多,可以按照比例增加材料,全部一起拌勻後,再分裝至馬克杯中。

全家共享的溫馨料理

全家一起在家裡吃飯的時候，
雖然我總是最後一個坐下來的人，
但是看著自己精心搭配的佳肴，
看著家人吃得很滿足的表情……
煮飯其實一點也不累！

五更腸旺

雖然需要花點時間先把大腸頭煮好，不過這道菜的下飯功力也是一等一，各種食材帶來的口感，以及鹹香勁辣的過癮，愛吃辣的人一定要學起來。

材料

大腸頭1條、鴨血1塊、蔥1支、蒜頭2顆、大辣椒2條、酸菜葉1大匙、蒜苗1支、蔥1支

調味料

辣豆瓣醬1大匙、花椒粒1小匙、醬油1大匙、砂糖1小匙、米酒1大匙、白胡椒粉少許、辣油1小匙、香油1小匙、白醋1小匙、太白粉水適量

預煮大腸頭材料

薑數片、蔥2支、花椒1小匙、米酒2大匙、醬油1大匙

作法

1 大腸頭洗淨後將預煮大腸頭材料放入，水蓋過大腸約煮40分鐘或用電鍋（外鍋2杯水）煮至大腸可用筷子穿過即可取出備用。
2 蒜頭切片、辣椒切塊、酸菜葉切片，將鴨血切大塊，汆燙約30秒取出備用。
3 熱鍋放入3大匙油後轉小火，加入蒜頭、辣椒、花椒粒、辣豆瓣醬、蔥段爆香，爆香後加入砂糖、醬油炒香後，加入約600ml的水，放入大腸、鴨血、酸菜葉煮約5分鐘，至食材入味收汁。
4 加入米酒、白胡椒粉、辣油稍微煮一下後加少許太白粉水勾芡。上桌前再淋點香油　白胡椒，鋪上切好的蒜苗即完成。

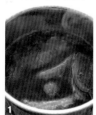

小叮嚀　大腸頭需確實清洗乾淨否則會有腥味，鴨血一定汆燙過後才會軟嫩無腥味。

魚香茄子豆腐煲

其實我不愛料理茄子，因為過去總是沒辦法在上桌時，讓茄子有漂亮色澤，不過還好後來找到方法了，漂亮的茄子就能上菜囉！

材料

茄子2條、豬絞肉300公克、雞蛋豆腐1盒、蔥末2大匙、薑末1大匙、蒜末1大匙、炸油1杯、自製豬骨高湯1/2杯

調味料

辣豆瓣醬1大匙、醬油1½大匙、高湯1杯、砂糖½大匙、醋½大匙、米酒少許、太白粉水

作法

1　茄子切1公分寬長條，將炸油燒熱，炸熟茄子撈出備用（約1分鐘）。

2　鍋內加1匙油燒熱，放入蔥末2大匙、薑末1大匙、蒜末1大匙拌炒，隨後加入絞肉爆香，茄子拌炒，最後再加入辣豆瓣醬等所有調味料。

3　取一小砂鍋將雞蛋豆腐，切小方塊鋪底，加入自製豬骨高湯1/2杯煮熱。

4　最後以太白粉水勾芡拌炒好的茄子，倒入豆腐上即可。

炸過的茄子會吸入部分的油，但炒至軟熟時油會慢慢地爆出來，茄子也可用水汆燙定色。

醬燒虱目魚肚

跟大家介紹我常用的一款罐裝醬料，黃豆醬。鹹鮮的風味，特別適合入菜，更是這道醬燒料理的靈魂喔！

材料

虱目魚肚1片、蔥2支、薑絲少許、蒜頭2顆、大辣椒1條

調味料

醬油1大匙、黃豆醬1大匙、砂糖1大匙、米酒少許、水30ml

作法

1　將蔥1支切段，1支切細絲後泡水、蒜頭切片、辣椒切細絲泡水。
2　平底鍋放入1大匙油，以中火煎虱目魚肚至2面金黃香酥後，取出備用。
3　同一鍋放入少許油，將蔥段、薑絲、蒜片、辣椒爆香。
4　放入黃豆醬、醬油、砂糖、米酒、水，待醬汁滾後放入煎好的虱目魚，以小火燒至魚入味。

 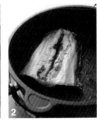  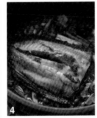

最後的醬燒步驟，千萬不要心急，一定要用小火，才能使魚入味，也才不會燒壞。

客家小炒

除了搭配海鮮，黃豆醬在客家小炒這道菜中也具有畫龍點睛的效果，會讓人一口接一口的喔！

材料

乾魷魚1/3條、豆乾4片、五花肉約150公克、辣椒1條、芹菜2支、蒜頭2顆、蝦米1大匙、蔥2支

調味料

黃豆醬2大匙、糖1小匙、醬油膏1匙、米酒適量、烏醋適量、香油適量

作法

1　乾魷魚泡發後，逆紋切條，豆乾、五花肉切條，辣椒切絲，芹菜與蔥切段，蒜頭切片，蝦米先用米酒浸泡一下。

2　取一小油鍋，先炸豬肉絲，當豬肉表面呈現金黃色後，再放入豆乾條繼續炸。

3　當豆乾炸至金黃色，放入魷魚條繼續炸香，即可取出瀝油備用。

4　取一平底鍋入1大匙油，倒入蒜片、蔥段爆香，接著放入蝦米、辣椒絲拌炒至香氣出來。放入炸好的豬肉條、豆乾條、魷魚條，以及倒入砂糖、醬油、米酒、黃豆醬拌炒。

5　拌炒至香氣起來後，最後放入芹菜段、蔥段、辣椒絲持續拌炒，起鍋前加一點烏醋、香油即完成。

小叮嚀　　客家小炒少不了先用炸的方式處理食材，能夠瀝油會更健康，也不失美味。

古早味肉燥

這真的是太久沒吃會很想念的古早味，建議大家醬油可選用兩種以上不同品牌一起搭配，香氣會更香，希望你也能創造出你家的獨門美味。

材料

豬絞肉1斤、豬皮1塊、蒜末1大匙、薑少許、油蔥酥3大匙、蛋5顆、炸好的三角豆腐5塊

調味料

五香粉1/4小匙、甘草粉1/4小匙、白胡椒粉1小匙、冰糖3大匙、紹興酒1碗、醬油1碗、水1000ml

作法

1　豬皮洗淨，加入薑、蒜頭與一點鹽巴一起燙熟去腥，再切小丁備用、雞蛋冷水煮熟後去殼。

2　鍋內放入1大匙油，小火將蒜末爆香。將豬絞肉和豬皮一起拌炒，炒至絞肉呈現金黃色且產生香氣，放入油蔥酥、冰糖、醬油、紹興酒一起燉煮。

3　接著放入甘草粉、五香粉、白胡椒粉、水煮滾後加入水煮蛋燉煮約1小時，最後放入豆腐約煮半小時，燉煮入味即可。

小叮嚀

豬皮的作用是讓肉燥產生膠質，也可以用雞腳代替。五香粉和甘草粉，切記不要加太多，否則味道會太重，而失去風味。肉燥如果一次吃不完的話，豆腐記得要取出單獨存放，才不會讓肉燥太快壞掉，分裝冷凍也是好方法。

什錦海鮮炒麵

炒麵看似家常，不過工夫多花在備料上，有時間好好做菜的話，就為家人準備一盤
豐盛的海鮮炒麵吧！

材料

豬肉絲1/2碗、木耳1/2碗、銀芽1/2碗、鮮蚵1/2碗、透抽1/2碗、鮮蝦5隻、蔥2支、薑
少許、油麵1包、不辣大辣椒1條

調味料

蠔油3大匙、香油少許，白胡椒粉少許，燙海鮮的水適量、鹽適量

作法

1　木耳切絲、透抽切花、蝦去殼開背、蔥切段約3公分、薑切絲、辣椒切細絲。海鮮皆
　　氽燙約八分熟後，撈起備用，燙海鮮的湯水留下備用。

2　平底鍋內加入2大匙油，放入肉絲拌炒、蔥白段炒香後加入木耳絲，接著放入海鮮、
　　油麵拌炒均勻。

3　取一碗將蠔油加點燙海鮮的水調勻後，倒入鍋中。

4　接著放入銀芽、蔥綠段、辣椒絲，起鍋前，以鹽、胡椒粉、香油調味即完成。

小叮嚀

燙海鮮的湯水，其實就是最簡單的海鮮高湯了，更是這道炒麵的味覺亮點，
做熟了之後，海鮮的使用可依個人喜好還增減或搭配喔！

炸紅燒肉

紅燒肉是不少家庭裡的餐桌常見菜，不過大部分的媽媽都是買現成的，其實，只要事先下點工夫，就能讓家人同時吃到健康和美味了。

材料

五花肉1條（去皮後約2公分厚度）、地瓜粉適量、太白粉適量、炸油適量

醃肉調味料

蒜泥1大匙、薑泥1大匙、砂糖1小匙、米酒1大匙、五香粉少許、醬油膏1大匙、紅麴醬或紅糟2大匙、香油1小匙

作法

1　五花肉用調味料抓醃，放置冰箱中約3小時。
2　將醃好的五花肉取出，均勻的抹上太白粉。
3　鍋中倒入油，並將油加熱至160度。將地瓜粉倒在平盤中，將五花肉沾滿地瓜粉，稍微放置等肉反潮，即可入油鍋炸。
4　先以小火慢炸，約9分熟後，油鍋再開大火炸，將五花肉油逼出後取出油鍋瀝乾，即可切片上桌。

五花肉沾好地瓜粉需待反潮，是因為能夠避免油炸時，地瓜粉掉落導致成品不夠漂亮。

古早味白菜滷

有媽媽的味道，百吃不膩的一道菜肴，在我們家每次一上桌都是秒殺！

材料

白菜1顆、蝦米2大匙、魚皮5條、豬肉絲1小碗、乾香菇6大朵、蒜末2大匙、自製豬高湯1碗

調味料

烏醋1大匙、白胡椒粉少許、香油少許、鹽適量

肉絲醃料

醬油少許、米酒少許、太白粉少許

作法

1　先將豬肉絲用醃料醃漬約5分鐘，蝦米用米酒浸泡一下，泡蝦子的米酒留下備用。
2　白菜切大塊，魚皮切條狀約3公分，乾香菇泡水軟化後切絲，香菇水留下備用。
3　鍋內放1大匙油，以小火爆香蒜末、蝦米、香菇絲，炒香後放入豬肉絲拌炒。
4　豬肉絲炒熟後加入白菜拌炒，倒入魚皮、蝦米水、香菇水、自製豬骨高湯，蓋鍋蓋燉煮。待白菜燉軟至你喜愛的口感後，以白胡椒粉、鹽、烏醋、香油調味即可。

小叮嚀

白菜易出水，所以加的水量不要太多。另外，白菜要是切太小塊容易煮糊，影響口感。最後，蠔油亦可用醬油代替。

羅宋湯

充滿各種蔬菜,還有口感極佳的牛腱,做一鍋起來可以有各種的變化,即使你很忙,也值得週末花點時間做好,絕對不會後悔的。

材料

牛腱肉約300公克、番茄2大顆、洋蔥1/2顆、 胡蘿蔔1/2條、馬鈴薯1/2顆、西洋芹1根、蒜頭3粒、自製牛骨高湯800ml、高麗菜適量

調味料

番茄糊1.5匙、月桂葉1～2片、黑胡椒粉適量、鹽適量

作法

1 番茄去籽,胡蘿蔔、番茄、馬鈴薯、洋蔥、西洋芹與牛腱皆切成丁狀。
2 起油鍋將牛腱丁炒至微焦。
3 中火爆香蒜頭、洋蔥,炒香後再加入所有蔬菜炒軟,接著倒入高湯煨煮。
4 湯滾後,放入牛腱丁、月桂葉、番茄糊,接著熬煮至湯汁呈濃湯狀後,再加入高麗菜,撒上適量鹽及胡椒粉調味,即完成。

小叮嚀

番茄糊能夠讓味道更加濃郁,如果不放也可以,只是味道會比較清淡,你可以試試看你家喜歡哪一種風味。

鑲豆腐

每個愛做飯的媽媽都該有一道獨家功夫菜！這道菜雖然需要點耐心和細心，但是視覺效果十足，而且營養也相當足夠，一定要學起來。

材料
板豆腐2塊、蒜末1大匙、水1/2杯、蔥花、太白粉1小匙、油適量

餡料
絞肉300公克、蔥末1小匙、薑末1小匙、太白粉少許、白胡椒粉少許、鹽少許

調味料
蠔油1大匙、砂糖少許、香油少許

作法
1　豆腐切成三角型，中間挖一個小溝槽。
2　將餡料拌勻，並摔打絞肉出筋呈現黏性，撒一點太白粉在槽內，填入豆腐槽內，並輕壓整型。
3　鍋中加少許油，燒熱後，豆腐餡料面朝下先放入鍋中，以中小火半煎炸至表面金黃後盛出備用。
4　蒜末爆香，鍋中加入水和蠔油，續煮至湯汁稍微收乾，加少許砂糖提味，以太白粉水勾薄芡，放回豆腐，撒上蔥花及香油盛盤即完成。

小叮嚀　豆腐一定要用板豆腐，嫩豆腐太容易碎。鑲好的豆腐也可以用油炸的方式，成品的色澤會更好。

肉羹湯

做這道肉羹湯需要點時間，最好挑個悠閒的下午慢慢準備，晚餐再加個麵，就可以享受美味的古早味了。

肉羹材料

豬里肌肉250公克（松阪豬也可）、現成魚漿500公克、蒜泥1大匙、薑泥1大匙、蔥花少許、鹽少許

調味料

糖1小匙、醬油3大匙、五香粉1小匙、胡椒粉1小匙、米酒1大匙、香油少許、烏醋少許

羹湯材料

肉羹水（煮肉羹的水）、肉羹、竹筍絲1/2碗、木耳絲1/2碗、香菇絲少許、蛋1顆、香菜少許

調味料

太白粉水適量、醬油少許、胡椒粉少許、香油少許

作法

1　將豬里肌切成約肉羹大小的條狀，先用一點鹽抓醃一下。將魚漿及所有調味料、蒜泥、薑泥與蔥花拌勻。

2　煮一鍋滾水，將豬里肌條包在魚漿裡，呈現長條狀入鍋煮熟即可。

3　將肉羹水煮滾，加入除了蛋以外的所有羹湯材料煮熟。再加入所有調味料調味，以太白粉水勾芡。接著打散1顆蛋，以畫圓的方式加入。最後加入少許的胡椒粉、香油、烏醋提味。

煮肉羹的水，就是材料中的肉羹水，是現成的高湯，千萬不要倒掉喔！

椒鹽排骨＋台式泡菜

這份超台的組合，是我家餐桌上的常客。自己做的泡菜不僅爽脆，吃起來也安心，搭配炸的酥香的排骨，很容易讓人筷子停不下來。泡菜作法請參考 P.24

材料

豬小排300公克

調味料

鹽1/2小匙、白胡椒粉1/2小匙

醃料

鹽1/4小匙、細砂糖1/4小匙、料理米酒1大匙、白胡椒粉1/4小匙、香油1小匙、醬油1/4小匙、五香粉1/4小匙、蒜末1小匙

濕漿粉

太白粉2大匙、麵粉2大匙、水2大匙

作法

1 取一碗，將醃料與豬小排醃漬約3小時。
2 另一碗，將濕漿粉拌勻。
3 將豬小排裹粉入油鍋以160度油炸，至表皮金黃後取出瀝油。再將油溫拉高至180度，將豬小排2次回炸至金黃香酥，取出瀝油即可。

CHAPTER 4

媽媽很忙也能快速上菜的暖心料理

做菜確實需要時間來採買、備料，
烹煮過程的各種程序，都是需要時間。
但是，有時候真的好忙，又心疼著老是吃外食的家人們……
我懂！我都懂！
因此，這個章節就是為忙碌的掌廚者們所準備的快速料理。

沙茶韭菜豬血湯

這道經典的台式美味,除了豬血的處理需要費點工夫之外,也跟大家分享我的經驗。
湯底不建議全部使用高湯,用水搭配可以讓湯色比較清澈喔。

材料

豬血1條、韭菜1株、酸菜3片、嫩薑1小塊、油蔥酥少許(可不放)、自製豬高湯
900ml、水300ml

調味料

沙茶醬、白胡椒粉、鹽皆適量

作法

1 豬血切大塊汆燙備用。
2 韭菜切段,每段約2公分,嫩薑切細絲,酸菜切條備用。
3 高湯煮沸,依序加入薑絲、酸菜、油蔥酥與豬血煮至酸菜味入湯中。
4 加入沙茶醬、白胡椒粉、鹽調味,最後加入韭菜,湯滾後即可上桌。

小叮嚀

豬血需先汆燙,湯才不會混濁有腥味,豬血也會比較軟嫩,韭菜煮後易黃,建議
最後再放。另外,也很建議酸菜煮到酸味入湯,風味會更好。

蒼蠅頭

這道許多餐廳都會有的菜式,其實只有切功比較費力,練好刀工,你也能在家裡端出餐廳菜!

材料
韭菜花1把、豬絞肉250公克、豆豉1大匙、辣椒片1條、蒜末1大匙

調味料
砂糖1小匙、白胡椒粉少許、醬油1小匙、米酒1大匙、香油少許、鹽少許

作法
1 韭菜花切成約0.5mm的丁狀、辣椒切片,豆豉若是乾的需浸泡米酒。
2 鍋內放入1大匙油,加入蒜末爆香後放入豬絞肉拌炒,再加入辣椒片、醬油、砂糖、鹽、白胡椒粉,最後加入豆豉繼續炒香。
3 接著放入韭菜花拌炒,起鍋前加入少許米酒、辣椒片與香油提香即可。

 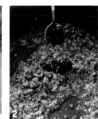 

小叮嚀

韭菜花不要切得太細,否則會太軟影響口感。肉末可以稍微炒焦一點,逼出油分,會讓整道菜風味更好。不喜歡吃辣的人,辣椒也可以不放的。

麻婆豆腐

不要以為麻婆豆腐很難,其實真的是失敗率很低的家常菜喔!而且這道菜的好處是,平常自己吃很下飯,宴請客人時也不失為一大亮點。

材料
板豆腐1大塊、豬絞肉200公克、蔥末1大匙、蒜末1大匙、薑末1小匙、蔥花2大匙

調味料
辣豆瓣醬2大匙、花椒粉1小匙、醬油1小匙、米酒1大匙、鹽少許、砂糖1小匙、太白粉水少許

作法
1　板豆腐切約1〜1.5公分塊狀。
2　鍋入2大匙油,加入蒜末、薑末、蔥末,爆香後,放入豬絞肉炒香炒散。
3　加入辣豆瓣醬、醬油、米酒、豆腐拌炒,放入半碗水,煮滾。
4　再以鹽、砂糖調味後,用太白粉水勾芡,調至自己喜愛稠度後拌入花椒粉提味,最後撒上蔥末即可。

小叮嚀

花椒粉可用花椒粒現磨較香,勾芡時需邊以鍋鏟滑動食材,避免凝結成塊狀。另外,建議將鍋鏟用推的方式拌炒,可讓易碎的豆腐,保持漂亮的形狀。

泰式打拋豬

在泰式料理餐廳愈來愈多的現在,想吃開胃的泰國菜,不必到餐廳,按照我的作法,保證零失敗,趕快試試看吧!

材料
豬絞肉300公克、小番茄10粒、蒜末1大匙、辣椒末少許

調味料
魚露2匙、醬油2匙、砂糖1匙(或味霖)、米酒適量、九層塔1小把、泰式打拋醬少許、檸檬汁少許

作法
1 小番茄對半切開備用;中火入倒點油熱鍋,爆香蒜末、再下豬絞肉炒至鬆香。
2 倒入醬油先炒香,香氣出來後放入砂糖、魚露、米酒拌炒,再加入打拋醬、辣椒末拌炒。
3 炒香後放入番茄,待番茄微軟後再倒入檸檬汁拌炒,起鍋前再放入九層塔拌炒10秒左右即可上桌。

小叮嚀

泰式打拋醬如果不想加也沒關係,加了味道會更道地喔!

韓式辣炒年糕

材料中的圓形甜不辣，也是我做這道菜的堅持，一定要薄的口感才對！常常為了這種甜不辣跑遍市場，買不到我可是不煮的！

材料

豬肉片5片、條狀年糕1包、韓式泡菜1/2碗、洋蔥1/4顆、蒜頭2顆、高麗菜約3片大葉、蔥2支、圓形薄甜不辣3片、白芝麻少許、自製豬高湯1碗

調味料

韓式辣椒粉少許、韓式辣椒醬1小匙、鹽適量、香油少許

作法

1　洋蔥切絲，蒜頭切片，高麗菜切條狀，蔥切3公分段。
2　香油入鍋小火，爆香洋蔥絲、蒜片，接著放入蔥白段繼續爆香，香氣出來後再依序加入肉片、泡菜拌炒。
3　韓國辣椒醬用高湯調開後，倒入鍋中加入韓式辣椒粉一起煨煮，再加入年糕，年糕微軟後放入甜不辣、高麗菜、蔥綠段一起拌炒，蔬菜軟化後，加入鹽、香油調味拌炒，起鍋後撒上白芝麻即可。

小叮嚀

如果買不到薄的圓形甜不辣，使用一般甜不辣切薄片即可。

菠菜皮蛋煲

除了菠菜,莧菜的季節時,我也會做成莧菜皮蛋煲,煮小份點適合一個人享用,大份一點全家一起吃也很適合搭配其他菜色。

材料

菠菜1把、皮蛋2顆、蒜頭2顆、豆腐1塊、自製豬高湯300ml

調味料

鹽適量、胡椒粉適量、香油適量、太白粉水適量

作法

1 皮蛋用冷水煮5分鐘後,放涼剝殼切丁;蒜頭切片;豆腐切1.5公分小方塊。
2 小砂鍋內加入1匙油,爆香蒜片,再加入高湯、豆腐一起煮滾。
3 放入菠菜,等待菠菜軟化後,加入皮蛋拌勻。以鹽、胡椒粉調味後,再以太白粉水勾芡,起鍋前再淋上些許香油即可。

小叮嚀

這道菜的靈魂在於高湯,是不能省略的喔!皮蛋先煮過的好處是,料理過程中,蛋黃比較不會流出,也能讓皮蛋有好看的形狀。

泰式檸檬魚

這是道比想像還要簡單許多的魚類料理，調好醬汁風味就搞定了，你如果怕麻煩，也可以整尾魚入鍋蒸，想要精緻一點，可以像我一樣將魚肉片下來料理。

材料
鱸魚1條（1斤左右）、番茄半顆、洋蔥末1湯匙、辣椒末1湯匙、蒜末1湯匙、香菜末1湯匙、薑片適量、蔥段適量

調味料
魚露1大匙、白胡椒粉少許、糖1大匙、鹽少許、檸檬汁少許

作法
1　將番茄切丁，洋蔥切丁，魚切斜片，備用。
2　取一個空碗，將辣椒末、蒜末、香菜末、魚露、檸檬汁、白胡椒粉、番茄丁、洋蔥丁、砂糖、鹽拌勻備用。
3　將鱸魚洗好鋪排在盤子上，並放上薑片、蔥段，入鍋蒸約7分鐘。起鍋後，灑上調好的醬汁，即完成。

小叮嚀

魚身劃刀，可加速魚煮熟速度，也能讓魚更入味，鱸魚也可用其他魚替代。此外，將魚放入鍋中蒸的時候，要先讓鍋熱水滾了再放。

剝皮辣椒雞湯

我喜歡做這道菜的原因之一就是，可以一次用掉整罐的剝皮辣椒，一滴都不浪費！
不要以為會味道太重，其實剛剛好呢！

材料
剝皮辣椒1瓶、乾香菇6朵、大雞腿1支、竹筍2支、水1000cc

調味料
鹽少許

作法
1 乾香菇泡水、竹筍切滾刀塊、大雞腿切塊汆燙備用。
2 取一鍋滾水，將雞腿、香菇、竹筍，放入小火煮約10分鐘後。
3 放入整罐剝皮辣椒與湯汁，煮至雞肉軟嫩，最後以鹽調味即可。

小叮嚀

雞肉要先汆燙，否則會讓湯色混濁，視覺效果會差了一點。

剝皮辣椒炒水蓮

剝皮辣椒也是我在廚房的好幫手，只要夾個幾根和青菜拌炒一下，就有了新滋味，偶爾端出這道菜，也能讓家人耳目一新喔！

材料
水蓮菜1包、剝皮辣椒6根、豬絞肉50公克

調味料
冰糖1小匙、米酒2大匙、開水適量、鹽適量

作法
1. 剝皮辣椒切碎，水蓮菜切段備用。
2. 鍋入1大匙油，將豬絞肉炒香，呈現焦黃，再加入冰糖炒至溶化後加入剝皮辣椒與米酒、開水。
3. 待湯汁燒開後，加入水蓮菜拌炒軟，最後以鹽調味即可。

小叮嚀

可以加點剝皮辣椒的湯汁一起拌炒，會更好吃喔！

蒜頭蛤蜊土雞湯

如果你是料理新手，想學道經典湯品，建議從這道開始。只要採買到好食材，就一定能煮出讓家人豎起大拇指的絕世好湯。

材料
仿土雞半隻切塊、蛤蜊1斤（需先吐沙）、剝皮蒜頭15顆、鴻喜菇半包、蔥末適量

調味料
鹽少許、白胡椒粉少許

作法
1　雞肉汆燙後撈起備用。
2　取一深鍋將雞肉放入，加水淹過雞肉後煮沸，再加入蒜頭熬煮。
3　雞肉軟化後加入蛤蜊、鴻喜菇，最後以鹽、白胡椒粉調味，起鍋時加蔥末即可。

小叮嚀

如果蒜頭比較小顆，可分兩次下鍋，第一次加入的蒜頭會溶於湯裡，第二次下的蒜頭能保留蒜頭整顆的綿密口感，湯頭口感較有層次，視覺上也比較美哦！

三杯雞

三杯料理的豐富滋味,其實並不是什麼困難的事情,更是道又快又好吃的經典佳肴。

材料
仿土雞去骨雞腿肉1支（約400公克）、薑片4～5片、去皮蒜頭6顆、九層塔適量

調味料
冰糖1/2大匙、麻油3大匙、醬油3大匙、米酒3大匙

作法
1　取一平底鍋,將去骨雞腿雞皮面朝下入鍋煎,煎至雞油流出後呈現金黃酥脆,另一面也煎至金黃後取出切約3公分塊狀備用。
2　同一鍋加入3大匙麻油,以小火爆香薑片,至薑片呈現微乾狀,放入整顆去皮蒜頭持續爆香。
3　接著放入冰糖拌炒至溶化後,加入雞腿塊拌炒。
4　倒入醬油、米酒,煮至收汁後,趁著鍋熱加入九層塔拌炒約10秒即可起鍋。

小叮嚀

雞腿肉也可用帶骨的。雞腿切塊時,不要切太小塊,以免煮過雞肉縮水,影響口感。

宮保雞丁

這道菜的調味料都不難買，甚至在廚房找一找就能齊備，做宮保雞丁真的不難。試試看吧！

材料
雞胸肉2片（約360公克）、乾辣椒7～8段、蔥2支、花生1/3碗、花椒粒1小匙

醃料
醬油1小匙、米酒1小匙、全蛋1/2顆

調味料
醬油1大匙、砂糖1小匙、米酒1小匙、白醋1小匙、水3大匙、太白粉1小匙、番茄醬1小匙、薑末1小匙、香油少許

作法
1　雞胸肉切約2～3公分塊狀、蔥切約2公分段。將雞胸肉塊用醃料醃製，用手抓拌至有黏性。
2　鍋中加入約2大匙油，以半煎炸式煎雞胸肉塊、約八分熟撈起備用，並將調味料調勻製成醬汁。
3　鍋內放油，加花椒粒以小火爆香，接著放入乾辣椒與調好的醬汁拌炒，再放入雞丁拌炒至香味出來，並且呈現微酥狀。
4　炒至微收汁後放入花生、蔥段拌炒收汁即可。

小叮嚀

乾辣椒拌炒時需特別注意火侯，不要讓乾辣椒變黑了。

辦趴必勝私房料理

雖然適合聚餐的餐廳很多，
但是吆喝朋友來家裡吃飯、辦趴，就是比較不一樣。
不必擔心營業時間、不必擔心吵到其他客人，既輕鬆又愜意。
當然，招待朋友們的好料，除了不能馬虎，更不能輸給餐廳！

西班牙海鮮燉飯

一般人對西班牙海鮮燉飯一直有個很難料理的刻板印象,其實只需要點耐心,你也可以把這道名菜端上你家餐桌。

材料

培根30公克、西班牙臘腸半條(可省略)、洋蔥40公克、蒜頭20公克、甜椒1顆、義大利米1杯、蛤蜊6～8顆、透抽1條、蝦子4～6隻、自製豬骨高湯1杯、橄欖油少許、九層塔葉少許、蒜末1小匙

調味料

番紅花或薑黃粉少許、鹽適量、白胡椒粉適量、黃檸檬1顆、白酒適量(無甜度)

作法

1　將培根、蒜頭、洋蔥、西班牙臘腸切碎後,準備一平底鍋或鑄鐵鍋,以熱鍋冷油的方式先爆香蒜末,再加入培根、洋蔥,炒至洋蔥呈透明狀,接著放入西班牙臘腸拌炒。

2　拌炒均勻後,再倒入義大利米,以小火拌炒避免黏鍋。

3　分次倒入高湯,讓米粒慢慢吸收湯汁,保持口感,最後再放入番紅花。

4　加入一點點白酒、白胡椒粉拌炒,再於飯上鋪排上蝦子、蛤蜊、切成圈狀的透抽,蓋上鍋蓋,小火煮10分鐘。可觀察鍋邊是否有起泡,有起泡則代表湯汁未收乾,再多煮一下,上桌前淋上檸檬汁,再用九層塔葉裝飾,增加香氣即可。

小叮嚀

為了增加高湯鮮度,可以把蝦殼先用烤箱烤過後,放入平時準備的高湯裡面熬煮一下,再加點鹽,就可以讓燉飯更鮮甜喔!

義式茄汁海鮮鍋

只要做好基礎的番茄肉醬，就可以輕鬆的變化出這一道澎派的海鮮鍋，想嘗點異國風味時，這是個很好的選擇喔！

材料

蛤蠣、干貝、鯛魚片、鮮蝦等海鮮份量可依個人喜好準備、蒜頭2顆、洋蔥半顆、紅蘿蔔半顆、牛番茄1顆、紅、黃甜椒各1顆、九層塔適量、自製番茄肉醬2碗、自製豬骨高湯、黑橄欖少許。

調味料

鹽、黑胡椒、匈牙利紅椒粉皆適量，月桂葉1片。

作法

1 蒜頭切片，洋蔥切絲，牛番茄、紅蘿蔔塊，起油鍋加入1大匙油，爆香蒜片，再加入洋蔥炒香，接著加入牛番茄、紅蘿蔔炒香。
2 放入自製蕃茄肉醬、月桂葉與高湯同煮。
3 湯汁滾了以後再加入所有海鮮煮滾，再加入鹽、黑胡椒、匈牙利紅椒粉調味，起鍋前加入紅、黃甜椒、黑橄欖、九層塔葉裝飾即可。

小叮嚀

自製的番茄肉醬，除了拿來煮義大利麵以外，煮鍋物也超適合喔！

花雕雞

花雕雞真的不難，準備好花雕酒就成功一半了，在滿桌的菜色中，有這麼一盤，風味十足，夠味又下飯，就可以成為當餐的亮點了。

材料
帶骨雞腿2支、蔥3支、台灣芹3束、薑8片、蒜頭10顆、花雕酒500ml、辣椒1支

調味料
醬油3大匙、冰糖1大匙

雞腿醃料
醬油膏2大匙、花雕酒3大匙、砂糖1大匙、白胡椒粉適量

作法
1　帶骨雞腿切塊，加入醃料抓拌均勻，放入冰箱醃製一晚。
2　台灣芹、蔥切段、辣椒切片、蒜頭去皮整顆備用。鍋內熱油，放入薑片煸香後加入蔥段、整顆蒜頭爆香。
3　爆香後雞皮朝下入鍋煎至金黃，加入冰糖、醬油。冰糖溶化後，加入花雕酒，燉煮至湯汁剩約100ml湯汁，加入辣椒片、芹菜段拌勻。
4　砂鍋燒熱將煮好的花雕雞倒入，蓋上鍋蓋後，延鍋邊淋上花雕酒，待花雕酒香氣出來後即可出菜。

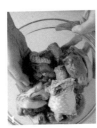

小叮嚀

這道菜建議不要選用土雞，因為肉質較硬，會影響口感，此外，芹菜需最後拌入，好保留清脆口感，為這道菜增加口感層次。萬一家中沒有砂鍋，就直接裝盤上桌也很好喔！花雕酒煮過後不會有酒味，就連小孩能享受。

韓式部隊鍋

很喜愛韓式料理的我，對於部隊鍋有自己的堅持，一定要用韓國泡麵，而且一定要加上起司片，才是我家的澎湃部隊鍋！

材料

韓式辣醬1大匙、泡菜半碗、洋蔥半顆切絲、肉片少許、年糕適量、火鍋料少許、豬血糕1片、起司1片、鮮蝦5隻、蛤蜊15顆、韓國泡麵1包、高麗菜適量、蔥花適量、自製豬骨高湯500ml、蛋1顆

調味料

香油少許

作法

1 鍋熱後加少許香油，洋蔥入鍋爆香後加入泡菜拌炒，接著加入自製高湯。
2 取一空碗，將1大匙韓式辣醬加少許水拌開後入鍋。
3 湯滾後依續放入高麗菜、蛋、火鍋料、豬血糕、年糕、蝦子、肉片、蛤蜊。
4 鍋滾後加入韓國泡麵煮至軟化，再加入起司片、蔥花即可。

小叮嚀

傳統的韓式部隊鍋是以罐頭火腿肉做基底，但我改用高湯、海鮮作為湯頭基底，反而更顯鮮甜又健康喔！

冰糖排骨

這是我們全家人都喜歡的菜色之一,孩子們總是一人一支拿著吃,甜甜鹹鹹的豐富滋味,還有軟嫩的肉質,常常是餐桌上最快被掃光的一道菜。

材料
小排骨1斤(約600公克)、小黃瓜2條、蔥1支、薑2片、米酒100ml、白芝麻少許

調味料
烏醋4大匙、醬油5大匙、米酒2大匙、冰糖2大匙

作法
1　排骨先用蔥薑水煮至肉軟嫩,取出備用。
2　熱鍋加入2大匙油,以中小火將排骨煎至表面金黃。
3　將所有調味料調合,倒入鍋中與排骨拌炒至收汁,當稠狀醬汁吸附在排骨上後,撒上白芝麻,搭配小黃瓜擺盤即可。。

小叮嚀

排骨如果煮的時間不夠,就容易咬不動,建議先用筷子試試看能不能穿過去,來判斷是否夠軟嫩。另外煮排骨的水,也可當高湯用,排盤用的小黃瓜也可以用洋蔥取代。

東坡肉

我對這道菜有一個小小的堅持,就是要先把肉切成一人份再開始料理,這樣上桌時才能看起來特別精緻,吃的時候也很方便。

材料

五花肉1大塊、棉線數條、青江菜1~2把、蔥1~2支、水1公升

調味料

紹興酒1碗、冰糖半碗、醬油1碗、八角適量、太白粉少許

作法

1　將五花肉切成約5公分的正方形大小,每一塊都用棉線綁起。
2　取一鍋,加入點油,將五花肉皮向下入鍋煎,煎至表面金黃即可取出備用。
3　接著開小火,再放入點油,加入冰糖拌炒至焦化,要小心別燒焦。
4　接著放入醬油與紹興酒、八角、蔥段,讓東坡肉煨煮上色,可用料理夾將肉翻面,讓每一面都能煨煮上色。再加入1公升的水,持續燉煮約2小時,中間要隨時注意湯汁狀態,不要煮乾。
5　當用筷子可以順利刺穿時,就表示燉軟了。將青江菜汆燙擺盤,取出東坡肉湯汁,加一點太白粉水勾芡,淋在東坡肉上,即可上桌。

小叮嚀

東坡肉皮先入鍋煎香,再燉煮會更Q哦!

XO醬燴海鮮

XO 醬對我來說是萬用神醬,尤其和海鮮特別對味,建議讓 XO 醬成為你家的必備醬料,也把自己喜歡的品牌推薦給大家。

材料
小卷2隻、蝦6隻、干貝6顆、西洋芹1把

調味料
XO醬2大匙、太白粉水少許

作法
1 西洋芹切約3公分段、小卷頭切圈狀或塊狀、蝦去殼、西洋芹先燙過備用。
2 鍋內放入1大匙油,煎香干貝、蝦,約八分熟後取出。
3 同一個鍋子,先加入XO醬炒香。
4 再放入小卷、蝦、干貝、西洋芹拌炒均勻,最後再以太白粉水勾薄芡即可。

小叮嚀

西洋芹易熟,所以要最後入鍋,避免久炒,以免影響脆度;XO 醬遇熱香氣會更濃郁哦!因此務必入鍋拌炒一下。

台式炒米粉

用料豐富的炒米粉，也是我家請客時的必備料理，許多技巧掌握得好，絕對會是讓讓客人回味無窮的好菜。

材料

米粉1包、乾香菇6朵、豬肉半碗、紅蘿蔔半條、高麗菜1/4顆、芹菜2支、蝦米1大匙、油蔥酥1大匙、香菜少許、胡椒粉少許、自製豬骨高湯2碗

醃肉調味料

醬油少許、米酒少許、太白粉少許、胡椒粉少許

調味料

醬油、鹽、白胡椒粉皆適量

作法

1　豬肉切絲醃調味料備用、乾香菇泡水切絲、紅蘿蔔切絲、高麗菜切絲、芹菜切約3公分段，米粉先加點油和鹽煮約1分鐘備用。
2　取一鍋加入1大匙油，以小火爆香蝦米和油蔥酥，再放入肉絲炒約7分熟後，放入香菇絲、紅蘿蔔絲拌炒。
3　所有配料都炒軟後，放入米粉一起拌炒。
4　先放入一碗高湯，待米粉吸入高湯後，另取一碗高湯加入少許醬油倒入，最後再放高麗菜絲拌炒。高麗菜軟化後，撒上白胡椒粉拌炒後即完成。

小叮嚀

使用乾燥米粉，需先以水泡開。煮過的米粉可以用冷開水沖一下會更Q喔！炒米粉用筷子炒，較容易將米粉拌勻，醬油加入高湯裡先調勻，則可以避免顏色不均。

京醬肉絲

蔥切細絲泡水，不只可讓蔥保持爽脆口感，遇到水會捲曲的蔥絲，不管怎麼擺盤，視覺效果都一級棒。

材料

豬里肌250公克、蔥5支

醃肉醬料

醬油1小匙、米酒1大匙、蛋1/2顆、太白粉1小匙

調味料

甜麵醬2大匙、米酒1大匙、番茄醬1小匙、醬油1小匙、香油少許

作法

1　蔥切細絲後泡冷水，豬里肌肉切絲，並用醃肉醬料醃製約5分鐘。
2　將所有調味料一起放入碗中拌勻。熱鍋放入2大匙油，將豬里肌肉絲稍微拌炒，炒開後分次放入調味料。調味完成後，即可起鍋。

小叮嚀

這道菜的肉絲，餐廳裡的作法多半會過油，在家裡自己做的話，直接拌炒就很好吃了。不只省去處理廢油麻煩，也更健康！除了單吃，你也可以發揮創意，選用不同的食材來包夾著吃喔！

怪味雞

這道冷盤料理，滋味豐富，不想在廚房弄得滿身大汗時，是個很好的選擇喔！

材料

去骨雞腿1支、小黃瓜1根、白芝麻少許、香菜適量

調味料

芝麻醬2大匙、蔥末1大匙、薑末1大匙、蒜末1大匙、辣椒末1大匙、醬油1大匙、米酒2
大匙、醬油膏2大匙、白醋1小匙、花椒粉少許、辣油1/2大匙、麻油1/2大匙、砂糖1小匙

作法

1　去骨雞腿斷筋後，加點鹽汆燙後取出，放涼備用。

2　將所有調味料混合成醬汁。

3　將放涼後的雞腿肉切片，小黃瓜刨成片狀，鋪盤底，放上切好的雞腿片淋上醬料
　　後，再放上香菜，撒上白芝麻即可。

小叮嚀

如沒有芝麻醬也可用花生醬代替，一樣好吃！

雅蘭的幸福廚房：

跟著人妻教主一起用料理寵愛家人

作　　　者	曾雅蘭	總 代 理	三友圖書有限公司
攝　　　影	蕭維剛	地　　　址	106台北市安和路2段213號4樓
美 術 設 計	何仙玲	電　　　話	(02) 2377-4155
編　　　輯	徐詩淵	傳　　　真	(02) 2377-4355
妝　　　髮	W Studio美學概念學院 王佳雯	E－mail	service@sanyau.com.tw
校　　　對	徐詩淵、吳嘉芬	郵 政 劃 撥	05844889 三友圖書有限公司

發 行 人　程顯灝
總 編 輯　呂增娣
主　　編　翁瑞祐、徐詩淵
資 深 編 輯　鄭婷尹
編　　輯　吳嘉芬、林憶欣
美 術 主 編　劉錦堂
美 術 編 輯　曹文甄
行 銷 總 監　呂增慧
資 深 行 銷　謝儀方
行 銷 企 劃　李　昀

發 行 部　侯莉莉
財 務 部　許麗娟、陳美齡
印　 務　許丁財
出 版 者　四塊玉文創有限公司

總 經 銷　大和書報圖書股份有限公司
地　　　址　新北市新莊區五工五路2號
電　　　話　(02) 8990-2588
傳　　　真　(02) 2299-7900

製 版 印 刷　卡樂彩色印刷製版有限公司

初　　　版　2018年04月
定　　　價　新台幣380元
I S B N　978-957-8587-19-9（平裝）

◎版權所有・翻印必究
書若有破損缺頁 請寄回本社更換

本書特別感謝：
澎湖媽宮食品
Red Ribbon 醫藥級肌膚管理專科

SAN YAU
http://www.ju-zi.com.tw
三友圖書
友直 友諒 友多聞

國家圖書館出版品預行編目 (CIP) 資料

雅蘭的幸福廚房：跟著人妻教主一起用料理
寵愛家人 / 曾雅蘭作 . -- 初版 . -- 臺北市：四
塊玉文創 , 2018.04
　　面；　公分
ISBN 978-957-8587-19-9(平裝)
1. 食譜
427.1　　　　　　　　　　　　107004230

時尚 . 美味

小磨坊輕灑系列美味登場

公司相關資訊如下

Tomax
小磨坊國際貿易股份有限公司
TOMAX ENTERPRISE CO., LTD.

台灣台中市西屯區工業區一路70號7樓之1
服務專線：0800-435-021

f 小磨坊-真對味・好生活

官方網站　小磨坊粉絲團

我 不 屑，

我 是

環保

TPU屬於環保可回收材質，
埋在土壤中5~10年即可徹底分解，不危害環境。

健康

卓越抗刀痕的特性，不易滋生細菌、黴菌。
不掉屑，無須擔心砧板碎屑吃到肚子裡。

無毒

TPU屬於無毒材質，不需添加塑化劑或其他化工原料
TPU材質耐熱150℃以上，可用滾燙的熱水進行消毒。

375.0 x 260.0 x 3.0mm

TPU經典橢圓砧板

特殊開口設計，方便取納
套上輔助環後可吊掛任意掛勾

350.0 x 240.0 x 3.0mm
TPU刻度方形砧板

刻度尺設計，精準切割食材

350.0 x 250.0 x 2.0mm
TPU副食品寶貝砧板

用於處理嬰幼兒副食品或是
單獨處理小朋友的食物

Zaniin Co., Ltd.

www.zaniin.com.tw

Zaniin®
(04)23296108
info@zaniin.com

PChome   蝦皮

PIETY 派・對

用雙手，一層一層揉出派的靈魂。

用真心，挑選食材翻炒恰好的美味。

在你的日子裡，參入滿足的甜、忙中多一點閒。

有派，就對了。

PIETY 派・對
https://www.piety.me/
台北市內湖區環山路一段62號
0905-990-699

三友圖書有限公司　收

SANYAU PUBLISHING CO., LTD.

106　台北市安和路2段213號4樓

三友圖書
讀書俱樂部

購買《雅蘭的幸福廚房：跟著人妻教主一起用料理寵愛家人》的讀者有福啦，只要詳細填寫背面問券，並寄回三友圖書，即有機會獲得「小磨坊國際貿易股份有限公司」獨家贊助精美好禮！

小磨坊百搭香草研磨罐
小磨坊紫蘇風味料研磨罐

價值298元
2瓶一組，共5名

本回函影印無效

四塊玉文創╳橘子文化╳食為天文創╳旗林文化
http://www.ju-zi.com.tw
https://www.facebook.com/comehomelife

親愛的讀者：

感謝您購買《雅蘭的幸福廚房：跟著人妻教主一起用料理寵愛家人》一書，為回饋您對本書的支持與愛護，只要填妥本回函，並於2018年6月4日前寄回本社（以郵戳為憑），即有機會參加抽獎活動，獲得「小磨坊百搭香草研磨罐+小磨坊紫蘇風味料研磨罐」（2瓶一組，共5名）。

姓名＿＿＿＿＿＿＿＿＿＿＿＿＿＿　出生年月日＿＿＿＿＿＿＿＿＿＿＿

電話＿＿＿＿＿＿＿＿＿＿＿＿＿＿　E-mail＿＿＿＿＿＿＿＿＿＿＿＿＿

通訊地址＿＿＿＿＿＿＿＿＿＿＿＿＿＿＿＿＿＿＿＿＿＿＿＿＿＿＿＿＿

臉書帳號＿＿＿＿＿＿＿＿＿＿＿＿＿＿＿＿＿＿＿＿＿＿＿＿＿＿＿＿＿

部落格名稱＿＿＿＿＿＿＿＿＿＿＿＿＿＿＿＿＿＿＿＿＿＿＿＿＿＿＿＿

1 年齡
□ 18 歲以下　　□ 19 歲～ 25 歲　　□ 26 歲～ 35 歲　　□ 36 歲～ 45 歲　　□ 46 歲～ 55 歲
□ 56 歲～ 65 歲　　□ 66 歲～ 75 歲　　□ 76 歲～ 85 歲　　□ 86 歲以上

2 職業
□軍公教 □工 □商 □自由業 □服務業 □農林漁牧業 □家管 □學生
□其他＿＿＿＿＿＿＿＿＿＿＿＿＿＿＿＿＿＿＿＿＿＿＿＿＿＿＿＿＿＿

3 您從何處購得本書？
□博客來　□金石堂網書　□讀冊　□誠品網書　□其他＿＿＿＿＿＿＿＿＿
□實體書店＿＿＿＿＿＿＿＿＿＿＿＿＿＿＿＿＿＿＿＿＿＿＿＿＿＿＿＿

4 您從何處得知本書？
□博客來　□金石堂網書　□讀冊　□誠品網書　□其他＿＿＿＿＿＿＿＿＿
□實體書店＿＿＿＿＿＿＿＿＿　□ FB（三友圖書 - 微胖男女編輯社）＿＿＿＿＿＿＿
□好好刊（雙月刊）　□朋友推薦　□廣播媒體

5 您購買本書的因素有哪些？（可複選）
□作者 □內容 □圖片 □版面編排 □其他＿＿＿＿＿＿＿＿＿＿＿＿＿＿＿

6 您覺得本書的封面設計如何？
□非常滿意 □滿意 □普通 □很差 □其他＿＿＿＿＿＿＿＿＿＿＿＿＿＿＿

7 非常感謝您購買此書，您還對哪些主題有興趣？（可複選）
□中西食譜　□點心烘焙　□飲品類　□旅遊　□養生保健　□瘦身美妝 □手作　□寵物
□商業理財　□心靈療癒　□小說　□其他＿＿＿＿＿＿＿＿＿＿＿＿＿＿＿

8 您每個月的購書預算為多少金額？
□ 1,000 元以下　　□ 1,001 ～ 2,000 元　　□ 2,001 ～ 3,000 元　　□ 3,001 ～ 4,000 元
□ 4,001 ～ 5,000 元　　□ 5,001 元以上

9 若出版的書籍搭配贈品活動，您比較喜歡哪一類型的贈品？（可選 2 種）
□食品調味類　　□鍋具類　　□家電用品類　　□書籍類　　□生活用品類　　□ DIY 手作類
□交通票券類　　□展演活動票券類　　□其他＿＿＿＿＿＿＿＿＿＿＿＿＿

10 您認為本書尚需改進之處？以及對我們的意見？
＿＿＿＿＿＿＿＿＿＿＿＿＿＿＿＿＿＿＿＿＿＿＿＿＿＿＿＿＿＿＿＿＿

感謝您的填寫，
您寶貴的建議是我們進步的動力！

本回函得獎名單公布相關資訊

得獎名單抽出日期：2018年6月22日

得獎名單公布於：

臉書「三友圖書-微胖男女編輯社」：https://www.facebook.com/comehomelife/

痞客邦「三友圖書-微胖男女編輯社」：http://sanyau888.pixnet.net/blog